EL CAMBIO CLIMÁTICO Y EL NEGACIONISMO

F. J. Ochoa de Alaiza

El cambio climático y el negacionismo

Primera edición: 2025

ISBN: 9791387602413
ISBN eBook: 9791387602857

© del texto:
F. J. Ochoa de Alaiza

© del diseño de esta edición:
Caligrama, 2025
www.caligramaeditorial.com
info@caligramaeditorial.com

Impreso en España – Printed in Spain

Desearía hacer una extensa dedicatoria, pero eso ocuparía varias páginas y resultaría aburrida de leer, además de incompleta. Por ello la dedico especialmente a:
António Guterres
Ursula von der Leyen
Greta Thunberg
Teresa Ribera.

Introducción

Últimamente, es frecuente oír hablar del cambio climático, aunque el tema ya lleva en candelero algunos años. Raro es el día que no oigo la expresión «cambio climático» o algo relacionado con la misma, principalmente en los medios de comunicación —prensa, radio y televisión—, como ola de calor, lluvias torrenciales, sequías, bajo nivel de los pantanos —perdón: embalses—, inundaciones, fallecidos por el calor extremo, incendios de sexta generación, desertización, lluvia ácida, danas —que es la nueva denominación de la gota fría de siempre, no se puede hablar de frío en verano—, etc. Todo ello, aunque a veces se produzcan en cualquier país del mundo y no tengan ninguna consecuencia para el nuestro.

Y esto se produce en prácticamente todos los medios de nuestro país, salvo alguna rara excepción, normalmente digital, que suele ser tratada como seudomedio o «fachosfera».

Lo mismo sucede con los partidos políticos, tanto los de nivel nacional como los autonómicos, que lo apoyan al unísono —con la excepción de VOX, que lo califica de seudorreligión—, apoyándose en la Agenda 2030, que, al parecer, será la salvación del planeta.

Desde siempre el tema del clima ha sido recurrente, principalmente en la prensa escrita, así como en revistas especializadas o de información general, bien porque había que rellenar huecos de la edición, o simplemente para llamar la atención del lector.

Un ejemplo de ello es que la revista *Time* defiende el calentamiento global décadas después de augurar una edad de hielo,[1] cuya causa en aquel momento era la variación de la radiación solar, debido al cambio de las manchas del Sol. Otras publicaciones, como *Newsweek* en 1975, también se unieron al tema. Ambas publicaciones son las revistas más populares y vendidas en EE.UU.

Posteriormente, en 1985 tres científicos detectaron un agujero en la capa de ozono, especialmente en la zona de la Antártica, debido a **los clorofluorocarbonos (CFC), por lo que l**a adopción en 1987 del Protocolo de Montreal consiguió un acuerdo para prohibirlos.[2] Dicen que el agujero de ozono se está recuperando lentamente, pero es un tema que actualmente ha desaparecido de los medios.

El Grupo Intergubernamental de Expertos sobre el Cambio Climático (IPCC) fue creado en 1988 para facilitar evaluaciones integrales del estado de los conocimientos científicos, técnicos y socioeconómicos sobre el cambio climático, sus causas, posibles repercusiones y estrategias de respuesta. Hasta la fecha ha emitido seis informes, el último en el 2023. Es el organismo que ha cuantificado los cambios del clima. Actualmente, indica que las variaciones existentes desde el año 1850 hasta nuestros días han sido un aumento de la temperatura de 1.2°C y un aumento del CO_2 del 0.03% al 0.042 %. En otro apartado haré un desarrollo más amplio sobre el IPCC.

---

[1] https://gaceta.es/mundo/la-revista-time-defiende-el-calentamiento-global-decadas-despues-de-augurar-una-edad-de-hielo-20240701-0002/

[2] https://www.rtve.es/noticias/20230916/fue-del-agujero-capa-ozono-problema-no-esta-resuelto-hay-mantener-guardia/2455074.shtml

En 1995 se celebró en Berlín la primera reunión de la COP o Conferencia de las Partes,[3] cuyo cometido en sus reuniones anuales de los representantes de los países que pertenecen a ella toman decisiones de las medidas a adoptar sobre el cambio climático, decisiones que en una mayoría dichos países con posterioridad no cumplen.

Ya nadie se acuerda de Al Gore, vicepresidente con Bill Clinton, de sus conferencias sobre el clima tituladas «Una verdad incómoda», de las que se dice dio unas mil a razón de 250 000 dólares de la época, que fueron en el año 2006. Un resumen de ellas se puede ver en (https://www.youtube.com/watch?v=H0jDnbIsL1M). Con posterioridad, en el año 2017 se realizó un documental con su colaboración titulado de igual manera. El documental, que se puede ver en español en (https://www.youtube.com/watch?-v=SWRHxh6XepM), tiene unas imágenes magníficas, pero en su conjunto es un canto de negatividad sobre la forma de actuar del ser humano, con relación al clima y la contaminación.

Por último, en este relato secuencial, nos queda la Agenda 2030. La Asamblea General de la ONU adoptó en el año 2015 la Agenda 2030 para el desarrollo sostenible que plantea 17 objetivos con 169 metas de carácter integrado e indivisible que abarcan las esferas económica, social y ambiental. El enunciado de los objetivos suena muy bien, pero su puesta en práctica está causando grandes quejas de la población, principalmente en Europa, que está afectando incluso a los partidos políticos y al nacimiento de otros en contra de dichas políticas y de la Agenda 2030.

Los Gobiernos de las naciones están redactando leyes relativas al medioambiente, basándose en los criterios aportados por la COP, el IPCC y la Agenda 2030. Especialmente, la Unión Europea con unas leyes y normas muy restrictivas, de obligado

---

[3] https://unfccc.int/es/process/bodies/supreme-bodies/conference-of-the-parties-cop :~:text=M%C3%A1s%20informaci%C3%B3n%20so

cumplimiento para todos los países que la componen, que implican impuestos y limitaciones en la actividad diaria de sus habitantes; por lo que muchos de ellos manifestaron su protesta en las últimas elecciones al Parlamento Europeo en forma de voto. Otros países, sin embargo, se lo toman con más calma, como China, Rusia, India o EE.UU., que son los mayores emisores de CO_2. Por lo que las medidas que tomen el resto de los países al respecto poco pueden afectar al clima, si es que tienen algún efecto, para reducir la temperatura y la disminución del CO_2.

Apuntes

En las siguientes páginas no encontrarán ustedes literatura ni sesudas disertaciones científicas porque mi intención es que lo pueda entender cualquier persona. Por otro lado, tampoco podría hacerlo, ya que no tuve el privilegio de poder ir a la universidad, por razones económicas. Mi formación se limita a una maestría industrial, en mecánica y delineación, que terminé en el año 1966.

Para realizar este trabajo, me he servido de mis conocimientos, de la información facilitada por los medios de comunicación y de consultas a páginas web de internet. Soy muy consciente de que toda información de internet hay que ponerla en cuarentena, para ello he consultado varias páginas sobre el mismo tema con el fin de contrastarla. Por eso he puesto enlaces a algunas páginas para ampliar información si se desea o valorar su contenido. Se debe tener en cuenta que en internet continuamente se crean nuevas páginas web, otras se modifican, algunas desaparecen y otras permanecen dormidas durante años.

Antes de empezar con los temas principales, quiero tratar otros temas menores que ayudarán a aclarar conceptos y que facilitarán comprender mejor los principales, además de no hacerlos tan extensos.

El cambio climático

Independientemente de si estamos o no en un cambio climático, desde mi punto de vista existen tres tipos de cambio climático: instantáneo, temporal y progresivo.

Instantáneo. De momento, solo se conoce un caso, que es el cráter de Chicxulub, en el golfo de México, producido por un asteroide hace 65 millones de años, que causó la desaparición de los dinosaurios y otras muchas especies tanto de flora como de fauna. Se estima que la duración del cambio climático producido por el impacto del asteroide duró unos diez años.[4]

Temporal. El último caso conocido fue producido por la erupción del volcán Tambora, situado en Indonesia, en el año 1815, matando a unas sesenta mil personas y generando efectos devastadores en el clima para Europa, entre ellos hambruna y enfermedades. El año siguiente, 1816, es conocido como el año sin verano y que las cosechas de todo tipo fuesen escasas o nulas, produciendo más hambre y muertes. Sus efectos duraron dos o tres años, entre ellos la bajada de la temperatura en 2 °C aproximadamente, para después volver a su estado anterior. Algún historiador incluso afirma que afectó al desarrollo de la batalla de Waterloo.[5]

Progresivo. Son los que se han producido la inmensa mayoría de las veces. Su duración es de décadas, cientos o miles de años, por lo que la percepción de ellos durante su desarrollo es prácticamente nula, aunque el resultado final del mismo sea un gran cambio del clima.

---

[4]   https://es.wikipedia.org/wiki/Cr%C3%A1ter_de_Chicxulub

[5]   https://es.wikipedia.org/wiki/Erupci%C3%B3n_del_Tambora_de_1815
- :~:text=La%20erupci%C3%B3n%20del%20volc%

El cambio climático, como su nombre indica, el clima está en un permanente cambio, por lo que no hay un día igual al anterior o al siguiente. La actual discusión de si estamos o no en un cambio climático no tiene ningún sentido. Si una persona dice que estamos en un cambio climático, tiene razón, pero si otra persona dice que no estamos en un cambio climático también tiene razón. La explicación de que dos personas que dicen cosas contrarias, en este caso tengan razón, es muy sencilla. El cambio climático al igual que la belleza o el gusto, por ejemplo, no tienen definición, por lo que es una apreciación subjetiva, es decir, personal. Si dos personas que están viendo una puesta de sol, una de ellas dice que es preciosa y el otro le contesta que la de su pueblo es mucho mejor, los dos tienen razón. Personalmente, me gustan mucho las sopas, sin embargo, Mafalda —la niña contestataria del humorista argentino Quino— las odiaba.

Los cambios climáticos que han existido son en gran mayoría la causa de la evolución de las especies. Dicha evolución se produjo porque las especies, tanto de flora (plantas) como de fauna (animales), ante los cambios del clima, necesitaban adaptarse o buscar otros lugares más favorables. Esto motivó la diversificación de las especies, su evolución al adquirir nuevas características, pero también supuso, por desgracia, la desaparición de muchas de ellas, que no supieron o pudieron adaptarse. Otra de las razones de la evolución de las especies fue la selección natural, que expuso el científico Charles Darwin en su obra *El origen de las especies* (1859),[6] que actualmente está completamente aceptada por la comunidad científica.

---

[6]   https://es.wikipedia.org/wiki/El_origen_de_las_especies

Ciencia y científicos

Por principio, hay que distinguir entre ciencia y científicos. No todo lo que dicen los científicos, aunque coincidan la inmensa mayoría en un tema, es ciencia. La ciencia no es democrática, por lo que los estudios, teorías y similares no se resuelve por mayorías, por grandes que estas sean. Para que se considere ciencia se deben aportar pruebas, es decir, demostraciones irrefutables del tema a estudiar, que se deben cumplir siempre en todos los casos y situaciones.

La posición oficial al respecto de Gobiernos, instituciones, medios y tertulianos dice que los que se oponen a admitir los postulados de este tema, los denominados negacionistas, están en contra de la ciencia. Esto no es en absoluto cierto. Simplemente, son diferentes criterios, ya que mientras no haya alguna persona o grupo de personas que demuestre la veracidad de la posición oficial, cosa que todavía no ha sucedido ni humildemente creo que sucederá. Todos tenemos derecho a exponer nuestra posición y argumentos. Los argumentos y razones se combaten con argumentos y razones, no con descalificaciones y negativas al debate.

El IPCC

El Grupo Intergubernamental de Expertos sobre el Cambio Climático (IPCC) es el órgano internacional encargado de evaluar los conocimientos científicos relativos al cambio climático.[7]

Fue creado con la importante participación de la ONU, con lo que, de alguna manera, en mayor o menor medida, depende de la misma.

---

[7] https://www.ipcc.ch/site/assets/uploads/2018/04/FS_what_ipcc_es.pdf

Me parece interesante analizar en primer lugar el nombre puesto a la organización. Aparece la palabra «experto», que no se sabe qué quieren indicar con ello, puesto que se sepa no existe ninguna universidad en el mundo que expida dicho título de graduación. A continuación, la expresión «cambio climático», con lo que se da por hecho dicho cambio, por lo que ya solo queda buscar al culpable, que, por supuesto, serán los seres humanos, que con sus industrias y sus medios de transporte, consumiendo energías fósiles —carbón, gas y petróleo—, contaminan el planeta y hacen subir la temperatura de la atmósfera.

El IPCC no realiza mediciones o estudios propios. Su labor consiste en evaluar estudios, libros, informes, artículos, etc., publicados por otras personas, organizaciones o instituciones y con ello confeccionar un informe que sirva de orientación a los Gobiernos para tomar las medidas que consideren oportunas.

En la actualidad, lo componen 195 países, que pueden mandar un representante a sus reuniones, sea científico o no, que, por supuesto, seguirá las directrices del Gobierno de turno.

Es en el año 1880 cuando arrancan en EE. UU. los registros fiables de la temperatura. En España los datos meteorológicos, de forma sistemática y continuada, empezaron en el año 1961. Las mediciones del dióxido de carbono (CO_2), según Al Gore en sus conferencias, empezaron en 1958, para después decir mostrando un gráfico que en los últimos mil años el aumento y disminución de la temperatura y del CO_2 han ido a la par.

Por todo lo anteriormente expuesto, las cantidades del aumento de temperatura (1.2 °C) y de CO_2 (de 0.03 % a 0.042 %), desde 1850 hasta el último informe del 2023, tienen el valor científico que cada persona quiera darle. Lo que no dicen es qué gas o gases disminuyen en ese porcentaje del 0.012 %.

El IPCC y el exvicepresidente de los Estados Unidos de América Al Gore, el de los vaticinios incumplidos, recibieron conjuntamente el Premio Nobel de la Paz en el 2007 por su trabajo en materia de cambio climático. ¡El de la paz!

La atmósfera

La atmósfera está en el centro del debate del cambio climático. Existen muy diversas opiniones sobre ella, principalmente en cuanto a su altura, debido principalmente a qué partes se consideran atmósfera, que van desde los cuatrocientos ochenta kilómetros[8] hasta más allá de la Luna. Antiguamente, había una discusión entre dos grupos mayoritarios de científicos, en el que unos opinaban que era de ochenta kilómetros y otros de ciento veinte kilómetros, que en un acuerdo definieron la teórica línea Kármán,[9] situándola en los cien kilómetros —ni para ti ni para mí—, que era la altura que consideraban límite para que un avión comercial no cayese a la Tierra por la falta de sustentación, debido a la menor densidad del aire. Según la definición de la FAI, *la línea Kármán se estableció en la década de 1960.* A partir de esa altura debería aumentar la velocidad para no caer. Actualmente, el organismo de EE.UU. denominado NASA considera astronauta a la persona que sobrepasa los ochenta kilómetros.

El otro punto importante de la atmósfera es qué gases la componen y en qué cantidad. Para ello se usan los globos meteorológicos, rellenos de helio (He) o nitrógeno (N) y provistos de una radiosonda que envía la información a una central en superficie.[10] Se lanzan desde ochocientos puntos del planeta, dos veces al día, que durante su ascenso recogen información de la cantidad de

---

[8] https://selecciones.com.ar/selecciones/sabias-que/espesor-atmosfera/

[9] https://es.wikipedia.org/wiki/L%C3%ADnea_de_K%C3%A1rm%-C3%A1n

[10] https://es.wikipedia.org/wiki/Globo_meteorol%C3%B3gico), (https://www.lineaverdeayamonte.es/lv/noticiasDestacadas.asp?noticia=37701 -)

gases, temperatura, velocidad del viento, humedad, etc. Alcanzan una altura máxima entre treinta y cinco o cuarenta kilómetros, debido a que a esas alturas la densidad del aire disminuye y los globos explotan. Por tanto, al no existir información a partir de esa altura, todo lo que se diga o escriba, con más o menos lógica o estudios realizados, está por confirmar. La información recogida es en un determinado punto en un momento concreto, ya que en el mismo punto, pero en otro momento la información puede ser muy distinta, debido a que el viento, a veces muy fuerte, mezcla los gases y los desplaza.

Los dos principales gases en la atmósfera son el nitrógeno (N) 78.08 % y una densidad de 1.2506 kg/m3 y el oxígeno (O2) con una densidad de 1.429 kg/m3, el dióxido de carbono (CO2) tiene 1.97 kg/m3. Por tanto, el dióxido de carbono ocuparía la parte más baja, con una altura de cincuenta o sesenta metros, si consideramos una altura de la atmósfera de cien kilómetros, según la línea Kármán, y que los gases no están en movimiento (en reposo), por lo que debajo de esa altura no podría haber vida, ni nos podríamos bañar en la playa ni pescar.

Se han encontrado plantas con flor a una altitud de 6350 metros en el Himalaya.[11] Con ello se demuestra que existen continuamente grandes movimientos de los gases en la atmósfera, mezclándose entre sí continuamente y que las mediciones que se realicen son orientativas. También se debe tener en cuenta la época del año, sobre todo con respecto al dióxido de carbono (CO2), ya que la flora —plantas de todo tipo— consumen mucho más en verano que en invierno por la fotosíntesis. Los lugares de lanzamiento de los globos, por lógica, aunque no tengo información al respecto, estarán concentrados principalmente en EE. UU. y Europa, pues no me imagino verlos ascender desde el Sahara, Siberia, los polos o el Amazonas, por ejemplo.

---

[11]   https://ocw.unican.es/mod/page/view.php?id=673

Supongamos que una organización mundial de pescadores manda a todas las cofradías de pescadores del mundo un comunicado diciéndoles que envíen los datos de todas las capturas de los distintos tipos de peces obtenidas durante el último año, algo que suele ser muy fortuito. Los envían y la organización mundial de pescadores realiza los cálculos necesarios, la cocina, con los que da en porcentaje (%) la cantidad de peces de todas las especies existentes en mares y océanos. La comparación le puede parecer a usted exagerada, pero eso es algo parecido a lo que hace la Unión Europea (UE) para asignar la cantidad de cada espacie de peces que pueden capturar al año los diferentes países que la componen, independientemente de los acuerdos de pesca con otros países que no pertenecen a la UE.

A diferencia de los distintos criterios sobre la altura de la atmósfera, es sospechosa la total uniformidad en la composición de los gases, puesto que en toda la documentación consultada aparece una única tabla, sin discrepancia alguna encontrada.[12]

Vaticinios

Sobre el cambio climático se han realizado muchos vaticinios —gran parte de ellos no se han cumplido—, además de declaraciones y actuaciones de personas que están en contradicción con sus manifestaciones. Pero de esto la mayoría de los medios no informa, porque entonces, como se suele decir, se les caerían los palos del sombrajo. Los vaticinios con fechas concretas fallidas van desde una inminente glaciación al calentamiento global, pasando por la subida de los mares que inundaría ciudades importantes, hasta sequías de grandes superficies o hambrunas. Una muestra gráfica de ello son dos portadas de la revista alemana *Der*

---

[12]   http://www.ideam.gov.co/web/tiempo-y-clima/atmosfera

Spiegel que muestran la catedral de Colonia inundada para el año 2020.

En los siguientes enlaces pueden encontrar gran parte de los vaticinios incumplidos:

- «Otra vez equivocados: 50 años de predicciones ecoapocalípticas fallidas».[13]
- «Hace 20 años que el mundo se iba a acabar en 20 años».[14]
- «La farsa climática: todas las profecías climáticas fallidas y el apocalipsis que nunca llega».[15]

Entre los personajes que hicieron vaticinios fallidos, el más conocido en el *2008, Al Gore, advierte que el Ártico quedará sin hielo en el 2013 y el entonces príncipe de Gales en el 2009, el príncipe Carlos, dice que solo faltan ocho años para salvar el planeta, para finalizar con Gordon Brown, que en el 2009 el primer ministro del Reino Unido dice que son cincuenta días para salvar al planeta de la catástrofe.* Un científico español, Carlos Duarte, Premio Nacional de Investigación 2007, declaró ese año que «ver el deshielo en directo es abrumador» y anunció que «veremos el Ártico sin hielo en el 2020». *Pero el que se lleva la palma en declaraciones ampulosas es* **António Guterres**, secretario general de la ONU, que ha afirmado en un comunicado que **«el colapso climático ha comenzado»**, además de **«vamos al apocalipsis»** o **«se han abierto las puertas del infierno».**

---

[13] https://cei.org/blog/wrong-again-50-years-of-failed-eco-pocalyptic-predictions/
[14] https://www.libertaddigital.com/opinion/2021-08-10/carmelo-jorda-hace-20-anos-que-el-mundo-se-iba-a-acabar-en-20-anos-6808902/
[15] https://adelanteespana.com/el-cambio-climatico-se-hunde-todas-las-profecias-climaticas-fallidas-y-el-apocalipsis-que-nunca-llega

En cuanto a contradicciones, se llevan la palma el matrimonio Obama, aunque no el único, **comprándose una mansión de 12 millones de dólares al lado de ese mar que lo va a devorar todo, situada en primera línea de playa, de una isla para millonarios, situada frente a Nueva York.**

China acaba de invertir 5000 millones de dólares en ampliar la longitud de la pista y mejorar las instalaciones del aeropuerto de las islas Seychelles. Dicha pista de aterrizaje y despegue de aviones está situada a un metro aproximadamente sobre el nivel del mar y no pienso que a los chinos les guste arriesgar tal cantidad de dinero si tuviesen alguna duda sobre las profecías que se emiten continuamente sobre el aumento del nivel de los océanos.

Coeficiente de calor específico

Toda materia sea sólida, líquida o gaseosa tiene un coeficiente de calor específico. Se define como la cantidad de calorías necesarias para elevar 1 °C, 1 cm3 de dicha materia, en condiciones de 25 °C de temperatura ambiente y una presión de 1 atmósfera —es más fácil de entender que la científica, por las unidades usadas—. Los científicos prefieren expresarlo como *joules* por kilogramo y por kelvin (J.Kg−1.K−1).[16] Los kelvin son muy usados en fotografía.

En las tablas expuestas, se puede ver que el calor específico de los gases que están en estudio son:

- oxígeno: 0.918 (J.g−1.K−1)
- nitrógeno: 1.040 (J.g−1.K−1)
- dióxido de carbono: 0.839 (J.g−1.K−1)

---

[16] https://concepto.de/calor-especifico/

Donde podemos apreciar que el dióxido de carbono es el gas que menos calor acumula con el mismo aumento de temperatura. Las materias que más calor acumulan cuando sube la temperatura son también las que más calor pierden cuando baja dicha temperatura.

Para entender prácticamente lo que es el calor específico, puede hacer la siguiente prueba: ponga la palma de la mano, durante dos segundos, en la puerta de un armario de su cocina, para después ponerla también durante dos segundos en la encimera de mármol, en las baldosas de la cocina y en los azulejos de la pared. Notará que la encimera de mármol está bastante más fría que la puerta del armario, las baldosas o los azulejos. Esto sucede en invierno y en verano, sea de día o de noche, haga frío o calor indiferentemente, ya que dichos materiales tienen un coeficiente de calor específico diferente, en la madera es de 1.674 (J.Kg−1. K−1), mientras que el mármol es de 858 (J.Kg−1.K−1), lo que indica que con la misma temperatura ambiental el mármol almacena menos calor que la madera.

Actualmente, es normal ver en pueblos y ciudades bancos públicos cuyos asientos son de listones de madera y el apoyabrazos de hierro. Si un día de calor cuando le dé el sol de lleno toca el asiento de madera, notará que lógicamente está caliente, pero el apoyabrazos de hierro lo está mucho más, hasta el punto de no poder apoyar el brazo. Si realiza la misma operación un día o noche de frío, notará que el asiento de madera está más caliente que el apoyabrazos de hierro. Ello es debido a que el hierro, por su coeficiente específico de calor 452 (J.Kg−1.K−1), gana y pierde calor con más facilidad que la madera 1.674 (J.Kg−1.K−1), cuyo coeficiente es diferente.

La contaminación

Composición de la atmósfera en porcentaje en volumen.

Gases Constantes	Símbolo	% por volumen en el aire	Partes por millón (ppm)
Nitrógeno	N2	78,08	780.480
Oxígeno	O2	20,95	209.476
Argón	Ar	0,93	9.340
Neón	Ne	0,0018	18
Helio	He	0,0005	5
Hidrógeno	H	0,00006	0,6
Xenón	Xe	0,00009	0,9

Que los seres humanos contaminamos el planeta tanto la tierra como el agua o el aire es tan evidente que no se concibe una discusión sobre el tema. Es lo que se denomina como antropogénico, que es todo aquello que proviene o resulta de las actividades de los seres humanos o que es producido por ellas. Pero sí es necesario realizar algunas consideraciones.

Desde que la Tierra empezó a formarse, ha ido acompañada por la contaminación. Primero fueron los volcanes con la erupción, lanzando lava y gases considerados contaminantes, acompañados de fumarolas que también lanzaban gases. A continuación, cuando hubo plantas y árboles, los incendios producidos normalmente por rayos de tormentas secas, que también producían gases contaminantes. Le siguió el permafrost,[17] que en ciertos momentos principalmente por cambios en las temperaturas, aunque pueden existir otras causas, libera a la atmósfera dióxido de carbono y gas metano (CH_4), producido principalmente por toda la flora atrapada en él al descomponerse.

Luego llegaron los animales, que con sus flatulencias, principalmente los rumiantes, que contienen dióxido de carbono, se les atribuye un aumento de dicho gas. Y por fin llegamos nosotros, los seres humanos, a los que se nos acusa de todo lo habido y por haber, por consumir combustibles fósiles —carbón, gas y petróleo—, a los que se puede añadir África, que el 80% de sus habitantes quema madera para cocinar al estilo tradicional, y la India, donde gran parte de la población —los más pobres— usan las deposiciones ya secas de las vacas también para cocinar.

Los principales gases contaminantes son el dióxido de nitrógeno (NO_2), el dióxido de azufre (SO_2) y el monóxido de carbono (CO), producido principalmente por una mala combustión, que puede causar la muerte, conocida como muerte dulce o muerte silenciosa. Estos gases contaminantes son producidos principalmen-

---

[17]   https://es.wikipedia.org/wiki/Permafrost

te por vehículos de combustión, así como por cierto número de industrias que emiten humos, pero cuyas cantidades en la atmósfera son insignificantes, ya que ni siquiera aparecen en las tablas.

El IPCC usa el período de contaminación de 1850 a nuestros días actuales. Sin lugar a duda, el aire en 1850 era más limpio que actualmente, pero la contaminación la tenían en el interior de las casas, pues cocinaban y calentaban con madera y aspiraban todos sus humos. A lo que hay que añadir la presencia de animales en su interior, que con el estiércol producido también contaminaban, además del peligro de infecciones por contagio con dichos animales y la falta de limpieza en general. Se lavaba en el río o en lavaderos que después dicha agua terminaba en el río, al igual que todas las aguas fecales de una u otra manera también terminaban en el río. Aguas que río abajo utilizaban otros pueblos para sus necesidades, algo depuradas por efecto de la naturaleza, según las distancias existentes.

Desde el año 1850 hasta nuestros días, la humanidad ha avanzado más en todos los órdenes de la vida —ciencia, salud, economía, trabajo bruto, bienestar general, etc.— que toda la época anterior junta. Por todo ello se ha pagado un precio, pero lo importante es saber si las ventajas son superiores a los inconvenientes, donde no caben dudas de que el balance ha sido muy positivo para los seres humanos. En el año 1850 la edad media en Europa era de cuarenta y dos años, actualmente en España prácticamente la duplicamos. Las personas con problemas en el sistema respiratorio actualmente viven más años y con una calidad de vida mucho mejor, gracias a los avances en medicina, que en 1850.

No sé de ninguna persona que le gustase vivir en aquella época, renunciando a la calefacción, aire acondicionado en su caso, móvil, coche, anestesia, vacaciones, calidad y variedad de la comida y un largo etcétera, que sería casi imposible de enumerar.

Los mayores emisores de dióxido de carbono (CO_2), aproximadamente el 90 % del total emitido en el mundo, son los países denominados BRICS (Brasil, Rusia, India, China y Sudáfrica), a los que les importa muy poco —algo sí— la contaminación de la atmósfera. Para ellos lo más importante es el crecimiento de la economía global de sus países respectivos, acompañado de su influencia económica y política, en el concierto mundial. En consecuencia, todos los esfuerzos que hagan el resto de países, principalmente la Unión Europea, con las directrices sobre el cambio climático de la Agenda 2030, están condenados a tener poco éxito en el resultado de sus esfuerzos, ya que de momento no se corresponden la cantidad de medios empleados con los efectos conseguidos. Todas medidas adoptadas por la Unión Europea están afectando de forma importante a sus ciudadanos, pues imponen limitaciones a su quehacer diario en la movilidad con sus vehículos, en la industria con impuestos y reglamentaciones, en la agricultura, ganadería y pesca con la limitación o prohibición de ciertos productos para su desarrollo, además de otras muchas actividades que también sufren las consecuencias. El resultado es una falta de competitividad a nivel global, cuya consecuencia la pagan los ciudadanos que ven cómo ha bajado su nivel de vida, en todos los aspectos de vida diaria.

Hace más de cincuenta años, cuando todavía no se hablaba del agujero de ozono, de los gases de efecto invernadero, del calentamiento global y menos todavía del cambio climático, vuelvo a recordar que en 1974 las revistas americanas decían que íbamos a una glaciación o enfriamiento global del planeta, ya había una preocupación general por la conservación de la naturaleza. Se recogía la basura a domicilio, aunque siguen existiendo basureros clandestinos, también se recogían en contenedores al efecto algunos productos y se reciclaban, se trabajaba para bajar la contaminación de los motores de combustión de los vehículos, había leyes y equipos para reducir las emisiones de las industrias —principalmente, las fundiciones y siderurgia en general—, se depuraban las aguas residuales de las ciudades y de la industria —principalmente, papeleras y químicas—. A título de anécdota, a principios de los años setenta trabajé en una multinacional que se dedicaba a estudios y fabricación de equipos para la eliminación de polvo y gases industriales, fabricación de todo tipo de filtros de aire y estudio y fabricación de cualquier tipo de elementos para la eliminación o, en su caso, reducción de ruidos, tan de actualidad.

En la lucha por el cambio climático, hay productos que están considerados como endemoniados o malditos, principalmente dos: los productos de origen fósil —carbón, gas, petróleo y sus derivados— y los plásticos en sus diversos tipos, que se obtienen a partir del petróleo. Es una batalla perdida de antemano, pues será necesario seguir extrayendo petróleo al menos hasta que se agoten las existencias de los pozos, que recuerdo cuando la guerra del petróleo en el año 1973 se decía que había existencias para veinticinco años. Actualmente, cincuenta años después, se considera que existen muchas más reservas en los pozos que entonces. Por mucho que se empeñen en implantar los vehículos eléctricos, los derivados del petróleo serán necesarios para otros usos. Leí un comentario gracioso de un lector de un periódico digital que decía: «Me compraré un coche eléctrico cuando los tanques y aviones de combate funcionen con electricidad».

Respecto a los distintos tipos de plásticos, que se fabrican a partir del petróleo,[18] no se entendería la vida sin ellos, ya que se encuentran en prácticamente todos los lugares, desde una nave espacial hasta un escobón de barrer la casa. Casi por completo, cualquier cosa que compremos tiene alguna parte de plástico, sobre todo aquellos aparatos que funcionan con electricidad, ya que desde hace mucho tiempo los cables eléctricos están recubiertos de algún

---

[18] https://es.wikipedia.org/wiki/Pl%C3%A1stico

tipo de plástico. Su empleo en la sanidad es abundante, desde una jeringuilla hasta las bolsas de suero o de sangre para transfusiones, o en prótesis. En mi cuerpo tengo instalados varios tubos de plástico, uno de ellos en la aorta, que sin la pericia de los cirujanos y dichos tubos hace unos veinte años que hubiese fallecido.

Los cambios del clima

Los científicos debaten sobre si hubo cuatro o cinco grandes glaciaciones, ya que en ciencia es lo habitual, mientras no se demuestre si algún grupo tenía razón o tal vez ninguno de ellos. Y entre esas grandes glaciaciones hubo muchas pequeñas glaciaciones, la última conocida y documentada fue Pequeña Edad de Hielo,[19] que fue un período frío que abarcó desde comienzos del siglo xiv hasta mediados del xix. Entre ambos tipos de glaciaciones hubo cientos, probablemente miles de lo que se denomina cambios climáticos de diferentes características, como ya indiqué anteriormente.

Algunas de estas causas, considero las siguientes, aunque puede que existan más que desconozco.

1.   El sistema solar al que pertenece la Tierra tiene en su centro a una estrella a la que denominamos el Sol. Dicho Sol nos suministra luz y calor mediante la radiación solar, que hace posible la vida en la Tierra, pero esa radiación solar ha sido,

---

[19]   https://es.wikipedia.org/wiki/Peque%C3%B1a_Edad_de_Hielo
- :~:text=La%20Peque%C3%B1a%20Glaciaci%C3%

es y será variable en intensidad, cuya causa son las manchas solares que varían continuamente en cantidad, tamaño y duración. Las manchas solares son conocidas desde la Antigüedad, incluso siglos antes de Cristo, pero fue Galileo Galilei en el año 1611 el que mejor divulgó su existencia y realizó la mejor interpretación. El Sol, además de enviar su radiación solar a la Tierra y a todo el universo, también envía partículas incandescentes denominadas eyección de masa coronal, que son grandes nubes de plasma y campo magnético, las cuales en su gran mayoría son retenidas por la atmósfera y por el campo magnético de la Tierra. Las que no son retenidas llegan a los polos, que es el lugar de la Tierra donde es menor el campo magnético, produciendo ese fenómeno tan bonito que son las auroras boreales, que incluso debido a la continua variación de su intensidad hace unos meses se vieron en algunas partes de España. Es, por tanto, el Sol y sus radiaciones solares una de las causas principales del cambio del clima.

2. La Tierra gira alrededor del Sol en forma elíptica, junto con los otros planetas del sistema solar —Mercurio, Venus, la Tierra, Marte, Júpiter, Saturno, Urano y Neptuno— sobre un mismo plano; los cuatro primeros son rocosos y los otros cuatro gaseosos. La Tierra, en su giro alrededor del Sol, lo hace con un ángulo del eje polar de 23° aproximadamente,[20] pero este ángulo según algunos científicos ha variado durante la formación de la Tierra y sigue variando, aunque muy lentamente. También aseguran que la posición del eje polar no siempre ha estado en el mismo sitio —hay quien asegura que en algún momento estuvo en el ecuador— y que últimamente se ha desplazado unos dos metros.

---

[20] https://es.wikipedia.org/wiki/Eje_terrestre

Hace unos días leí un artículo en el que decía que la Tierra se está frenando en el giro sobre su eje polar, que está aumentando la duración del día en 0.003 segundos por semana, lo que equivale a 0.15675 segundos al año. Parece ser muy poca cosa a ojos de los inexpertos en el tema, pero para los científicos debe de ser muy importante según explican, pues esto supone tener que calibrar los satélites artificiales en su órbita a la Tierra, entre los que se encuentran los pertenecientes al sistema GPS de localización, que tenemos en nuestros teléfonos móviles, además de otras aplicaciones más importantes. Lo mismo sucede con la astronomía en la observación del universo. La duración del día,[21] que actualmente tiene unas 23 horas, 55 minutos con 56 segundos, ha cambiado durante la formación de la Tierra, por lo que sus efectos tienen influencia en el clima.

3. En el universo existen diversos elementos de muy variadas características, uno de ellos son los asteroides,[22] de los cuales uno descrito anteriormente que causó la extinción de los dinosaurios. Algunos científicos aseguran que diariamente caen sobre la Tierra quinientas toneladas de asteroides, pero que por su pequeño tamaño cuando entran en la atmósfera de la Tierra se desintegran en forma de polvo, aunque se suelen encontrar trozos de estos, que son muy buscados y valorados por los coleccionistas de estos, alcanzando algunos ejemplares precios muy altos, de miles de euros.

4. Otro de los elementos que proceden del universo es la radiación cósmica,[23] que influye en el clima, pues carga la atmósfera eléctricamente. La radiación cósmica es detenida

---

[21] https://es.wikipedia.org/wiki/D%C3%ADa:~:text=Un%20 d%C3%ADa%20es%20aproximadam

[22] https://es.wikipedia.org/wiki/Asteroide

[23] https://es.wikipedia.org/wiki/Radiaci%C3%B3n_c%C3%B3smica

en su gran mayoría por la capa magnética que envuelve la Tierra, pero una pequeña parte de ella la penetra, con diversos tipos de radiaciones,[24] que pueden ser peligrosas para los humanos. Una prueba de su peligrosidad, cuanto más alto se esté de la superficie, es que el personal de los aviones —pilotos y azafatas principalmente—, que suelen volar a una altitud de unos diez mil metros normalmente, suelen estar sometidos a controles de radiación, por el peligro que supone para su salud una alta carga de radiación.

5. Sobre la superficie de la Tierra suceden varios fenómenos que contribuyen al cambio del clima. Uno de ellos y probablemente el más importante sea las erupciones volcánicas, que se producen periódicamente en muchos lugares del mundo, siendo Indonesia donde se encuentran más volcanes activos. Los volcanes, además de lanzar magma al exterior, también expulsan grandes cantidades de dióxido de carbono y azufre en diferentes compuestos. Los científicos consideran, al igual que National Geographic,[25] que los gases emitidos por las erupciones volcánicas hacen bajar la temperatura de la atmósfera; pero los mismos científicos aseguran que esos mismos gases producidos por el ser humano son la causa del calentamiento global (¿?). Las fumarolas son otro de los orígenes de gases de todo tipo, que pueden hallarse en la superficie o en el fondo del mar, que, a diferencia de los volcanes, sus emisiones, aunque mucho menores, suelen ser continuas, su situación suele ser cerca de los volcanes, como grietas de ellos. Otra causa del aumento de dióxido de carbono son los incendios fores-

---

[24] https://19january2021snapshot.epa.gov/espanol/informacion-basica-sobre-la-radiacion_.html

[25] https://www.nationalgeographic.com.es/ciencia/asi-afectan-volcanes-clima-planeta-y-calentamiento-global_17355

tales, producidos a veces por la naturaleza mediante rayos, pero en su gran mayoría es el ser humano el causante de ellos, algunos accidentalmente, pero una gran cantidad son intencionados por muy diferentes motivos que no detallo. La consecuencia de dichos incendios son la pérdida de masa forestal, la degradación ambiental, pérdidas económicas cuantiosas y, lo más grave de todo, en algunos casos, la pérdida de vidas humanas atrapadas en los mismos o de bomberos que intentan apagarlos, bien sea en tierra, o en el aire con los aviones. Por último, está el permafrost, que es material vegetal y animal congelado, que cuando se descongela los microbios comienzan a corromper el material y liberan a la atmósfera gases como el dióxido de carbono y el metano; suele ser común en partes de Siberia.

6. Nuestro planeta Tierra está compuesto en su interior de diferentes capas, como se muestra en el dibujo que obtuve en internet, de ellas me centraré en el manto o magma,[26] que es el material que emiten los volcanes. La corteza terrestre está compuesta por quince grandes placas tectónicas,[27] que se originaron al irse dividiendo el continente primigenio denominado Pangea.[28] Cuando dos placas tectónicas chocan, se pueden producir dos efectos diferentes: uno es que ambas placas se eleven produciendo montes y cordilleras; el otro es que una placa se deslice por debajo de la otra, lo que se denomina subducción, que al introducirse en la capa de magma se va fundiendo hasta formar parte de esta. Esta fusión produce reacciones físicas y químicas, con altas temperaturas por encima de los 1000 °C, que alteran la temperatura del magma en uno u otro sentido, afectando

---

[26] https://es.wikipedia.org/wiki/Magma
[27] https://es.wikipedia.org/wiki/Placa_tect%C3%B3nica
[28] https://es.wikipedia.org/wiki/Pangea

principalmente a la zona en que se producen, aunque posteriormente afectará a todo el magma, que posteriormente se reflejará en la corteza terrestre, modificando la temperatura de esta, cuyos efectos en el clima pueden ser importantes.

No he incluido el dióxido de carbon0 (CO_2), porque posteriormente le dedico un capítulo entero para explicarlo.

Aunque los efectos de cada una de estas causas puedan ser muy pequeños, en cada uno de ellos, si se suman varios en uno u otro sentido, darán origen a un cambio en el clima, de mayor o menor intensidad.

En ninguna de estas seis causas que he descrito puede hacer absolutamente nada para evitarlas el ser humano. Lo único que se puede hacer es tomar algunas medidas preventivas para evitar las consecuencias, como, por ejemplo, colocar pararrayos, monitorizar los volcanes para prevenir una erupción y evitar pérdidas humanas, realizar cortafuegos en bosques para que no se extiendan las llamas, limpiar ríos para que fluya mejor el agua y no cause inundaciones, poner alarmas para tsunamis en lugares potencialmente peligrosos, proteger edificios en caso de huracanes y poco más. Ante la fuerza de la naturaleza, el ser humano es completamente impotente.

Números

Se suele decir que las matemáticas es la ciencia más exacta, pero que los números son los que mejor se pueden manipular. Es lo que pretendo hacer en este capítulo, con los números que da el IPCC, que son más políticos que científicos, como indiqué anteriormente en otro capítulo. Hay que recordar que el IPCC dice que desde el año 1850 hasta nuestros días la temperatura ha aumentado en 1.2 °C y el dióxido de carbono (CO_2) ha pasado de un 0.03 % a un 0.042 %, es decir, que ha aumentado en un 0.012 %.

En matemáticas existen muchas clases de clasificaciones: pares e impares, enteros y con decimales, positivos y negativos, etc. Pero voy a hacer mi propia clasificación para entender mejor lo que trato de explicar. La clasificación la divido en tres partes: datos, previsiones y estimaciones.

Datos. Considero datos a todos aquellos números que son indiscutibles, es decir, que no se prestan a interpretaciones. Por ejemplo, las dimensiones de una piscina olímpica, que son de cincuenta metros de largo por veinticinco metros de ancho. También que en un partido de fútbol profesional en el inicio de este juegan once futbolistas por equipo.

Previsiones. Son, por ejemplo, los números que hace un empresario sobre la cantidad de productos que va a fabricar y vender al año siguiente, además de los beneficios que espera obtener. También los que hacen los Gobiernos de los países u otros organismos institucionales o privados sobre el aumento del PIB (producto interior bruto) o de la disminución del paro. Números que normalmente se modifican cada trimestre, pues raramente se cumplen, pero que sirven para tomar medidas para corregirlos, sobre todo si son malos.

Estimaciones. El ejemplo más claro de lo que es una estimación son las encuestas electorales que todo el mundo conoce. Empresas encuestadoras preguntan a cierta cantidad de ciudadanos, bien sea por teléfono, o bien sea presencialmente, a qué partido político piensan votar. A continuación, hacen un reajuste sobre las respuestas para que sean proporcionales con edad, sexo, población, etc., para después con la metodología que tiene cada empresa, la que normalmente se conoce como la cocina, obtener unos resultados, conocidos como estimaciones, que otorgan la proporción de voto y el número de escaños. Es muy raro que los resultados de las empresas coincidan entre sí, pero más raro es todavía que coincidan con los resultados electorales, aunque alguna de ellas incluso use horquillas de dos o tres escaños. Lo bueno de todo ello es poder contrastar las estimaciones con los resultados y darnos cuenta de que las estimaciones no son de fiar, solo sirven de aproximación y no siempre. Un ejemplo clamoroso fue el Brexit en el Reino Unido, pero hay más ejemplos en Colombia, Chile, Argentina, etc. Otro ejemplo de estimación es el IPC (incremento de precios al consumo), que depende de la cantidad de productos seleccionados, así como de la elección de estos, de la cantidad de comercios y en cuáles son consultados los precios, para finalmente —aquí también— aplicar la famosa cocina. Por lo que el IPC que los Gobiernos nos venden como un dato es simplemente una estimación, con la diferencia que ello supone.

Paso a explicar lo que indiqué al principio. Nos están diciendo continuamente ciertas personas, algunas con cargos institucionales a nivel de Gobiernos y de organismos a nivel mundial —António Guterres, Ursula von der Leyen, Greta Thunberg, Teresa Ribera—, que no se cansan de repetir lo mismo, igual que ciertos organismos como la COP en sus reuniones anuales, que hemos alcanzado una subida de temperatura de 1.2 °C, la más rápida de la historia, y que de seguir así pronto alcanzaremos los 1.5 °C, lo que según ellos será una catástrofe a nivel mundial. Por supuesto, la culpa la tienen los productos fósiles —gas, carbón, petróleo y sus derivados—, que producen dióxido de carbono, que es la causa de todos los males, por lo que es necesario reducir su consumo o incluso eliminarlo, sustituyéndolo por energías renovables. Dentro de las medidas también está la energía hidráulica, pues hay que devolver a los ríos su cauce y caudal natural primitivo. Asimismo, eliminar las centrales nucleares, aunque no producen dióxido de carbono, pero, por alguna extraña razón, son malditas. Actualmente, este tema está algo parado, pues hay países en Europa que se oponen y tienen pensado instalarlas.

Empezando por la temperatura de 1.2 °C, la más rápida de la historia, es sencillo demostrar que es una falsedad, porque, en primer lugar, desconocemos los ritmos que tuvieron los anteriores cambios climáticos. En segundo lugar, el aumento de 1.2 °C, si es así, se ha producido del año 1850 al año 2024, es decir, en un período de 174 años. Si dividimos 1.2 entre 174 (1.2 / 174) el resultado es 0.0689655, es decir, que no llegó a una centésima de °C al año ni a una décima de °C en una década, por lo que no se aprecia lo de la rapidez que sostienen, nos tendrían que explicar qué entienden ellos por rapidez.

En cuanto al aumento del dióxido de carbono, que un aumento de este del 0.03% al 0.042%, es decir, del 0.012%, cause un aumento de temperatura de 1.2 °C también es fácil de desmontar. Si con el 0.03% de dióxido de carbono en la atmósfera la temperatura de esta se mantendría estable, se deduce que el aumento de 1.2 °C es producido única y exclusivamente por el aumento del 0.012% de dióxido de carbono. Pero no es así, pues haciendo una sencilla regla de tres, donde al 100% de la atmósfera le corresponde un aumento de 1.2 °C, al 0.012% de la misma le corresponde X, X = (1.2 × 0.012) / 100 = 0.000144 °C, es decir, que es poco más de una diezmilésima de grado lo que le correspondería en la subida de la temperatura.

Con estos dos ejemplos creo que queda claro cómo se manipulan los datos en base a unos intereses, que en este caso son los del cambio climático, haciéndonos creer que la situación es muy grave, para poder aplicar las medidas que deseen sin que las personas protesten y acepten que son necesarias.

El dióxido de carbono (CO2)

Si en la atmósfera de nuestro planeta no hubiese dióxido de carbono —cuando estudiaba Química se denominaba anhídrido carbónico—, no existiría la vida en ninguna de sus formas, ni plantas, ni animales, ni tan siquiera virus o bacterias, ni, por supuesto, los seres humanos.

El dióxido de carbono es necesario para que las plantas realicen la fotosíntesis. También es necesaria la luz —natural o artificial—, además del agua y los nutrientes de la tierra o la ayuda de abonos. El principal nutriente en un 70% son los derivados del nitrógeno (N). Además, para que se produzca la fotosíntesis es necesario una cantidad mínima del 0.015% de dióxido de carbono, con una temperatura superior a $-10\,°C$. La fotosíntesis se realiza en las hojas de la planta, en una especie de poros denominados estomas, allí se mezclan todos los componentes antes citados, que mediante una reacción química libera oxígeno a la atmósfera y produce azúcares y almidones, que son los que alimentan a la planta hasta sus raíces más finas.

Se suele oír y leer que el dióxido de carbono es venenoso para el ser humano y los animales. Nada más lejos de la realidad, pues continuamente aspiramos y expiramos dicho gas con la respiración. Todas las bebidas con gas —agua, refrescos, cervezas, gaseosas, colas, vino de aguja, cava, etc.— las burbujas que desprenden son de dióxido de carbono, lo mismo sucede con los productos farmacéuticos efervescentes —sales de fruta, calmantes o limpiadores de prótesis dentales—; lo que de verdad mata es la falta de oxígeno.

Recuerdo cuando en Chile treinta y siete mineros quedaron atrapados en una cavidad de la mina, lo primero que les dijeron cuando pudieron comunicarse con ellos es que se moviesen lo menos posible para consumir menos oxígeno, que fue lo primero que les suministraron cuando pudieron hacerlo. Existe en Costa Rica lo que denominan la cueva de la muerte,[29] donde el suelo emana gran cantidad de dióxido de carbono, pero no lo suficiente para rellenar toda la cueva, pero en la parte superior existe oxígeno. Una persona con una antorcha encendida la mueve por la parte superior y la antorcha sigue encendida, hasta que la desciende al suelo que inmediatamente se apaga por la falta de oxígeno. El dióxido de carbono es más pesado que el oxígeno, por lo que se queda en el suelo.

Actualmente, en Europa, y principalmente en España, existe mucha más superficie arbolada que hace cien años. Leí un artículo que decía que en España hay siete veces más de árboles que en el año 1850. Me pareció una exageración, pero pensándolo detenidamente llegué a la conclusión de que no era tan exagerado, pues hasta el año 1850 España era una potencia naval, por lo que para construir tanto barco desaparecieron bosques enteros, que no se repoblaban. Además, todas las casas, carros, herramientas, etc., eran de madera, así como para cocinar y calentarse se hacía únicamente con madera, por lo que se consumía gran cantidad

---

[29] https://www.youtube.com/watch?v=swBY5FovIsc

también. Asimismo, durante ese tiempo se han realizado grandes repoblaciones de árboles, algunas con fines comerciales como la producción de papel, otras para rehabilitar el entorno. También se han creado parques nacionales que protegen la conservación de especies y su entorno.

Durante la Segunda Guerra Mundial, que duró seis años (1939-1945), se emplearon ingentes cantidades de combustibles, consumidos por tanques, aviones, barcos y todo tipo de medios de transporte, que soltaron una gran cantidad de gases —con unos cuantos ceros—. También se usaron millones de toneladas de pólvora en bombas, munición de todo tipo, se produjeron cantidad de incendios de bosques y edificios, se arrasó gran parte de Europa, incluso se lanzaron dos bombas atómicas sobre Japón (Hiroshima y Nagasaki) y nunca se oyó al terminar dicha guerra o después que hubiese un cambio en el clima. Por todo ello y algunas otras consideraciones, nunca pensé y lo sigo pensando que el ser humano pudiese cambiar el clima en lo más mínimo.

La Unión Europea (UE) ha adoptado plenamente la Agenda 2030, que en el punto 2 dice «Hambre cero» y en el punto 13 «Acción por el clima», en el gráfico que está en la introducción. La población del planeta está aumentando rápidamente, sobre todo en Asia y África, por lo que para conseguir la finalidad del punto 2 habrá que producir muchos más alimentos que actualmente, con un buen reparto. Respecto al punto 13, la Unión Europea ha adoptado un plan denominado Pacto Verde Europeo para conseguir que Europa se convierta en el primer continente **climáticamente neutral** en el 2050.[30] Para conseguir los objetivos se plantean en varios aspectos, algunos que no todos que detallo a continuación. Eliminar los vehículos de combustión y sustituirlos por eléctricos, que son más caros, con lo que esto supone para muchas personas, principalmente para los de menos

---

[30] https://es.wikipedia.org/wiki/Pacto_Verde_Europeo

recursos económicos. Eliminar presas, azudes y similares en ríos para volverlos a su estado primitivo prohibiendo actuaciones en ellos, esto causará más desbordamientos y riadas cuando llueva mucho y sequías en los mismos cuando falte agua, disminuirá la posibilidad de riego a los agricultores e incluso el desabastecimiento de agua en algunos pueblos. Disminución de la superficie cultivada para restablecer la naturaleza, con lo que disminuirá la producción agrícola. Disminución de granjas y animales —por sus flatulencias—, en consecuencia, habrá menos carne para el consumo, que piensan sustituir por carne artificial de laboratorio y todo tipo de insectos. Aumentar la superficie de cultivo ecológico, en sustitución del actual, que es menos productivo y cuyos productos no son ni más sanos ni tienen mejor sabor, eso sí, son bastante más caros. La implantación de paneles solares y molinos eólicos, que modifican el paisaje y son contrarios a mejorar la naturaleza. Además, si con lo anteriormente expuesto se consiguiese la disminución del dióxido de carbono, asunto que está en duda, se conseguiría todo lo contrario de lo que se pretende, pues cuanto más dióxido de carbono, que es necesario para la fotosíntesis de las plantas, más posibilidades existen de tener más flora —árboles y plantas— y mayor producción agrícola y arbórea. Todos estos puntos y algunos más son contrarios a lo que se pretende en el punto 2 de la Agenda 2030, que es el «Hambre cero», pues en lugar de aumentar la producción de alimentos, la disminuye, pero son cosas de la Unión Europea y sus contradicciones, que nos quiere divididos y enfrentados, sumisos y pobres, para poder manejarnos a los habitantes europeos, ya que los logros que consigan, si hay alguno, serán los que digan ellos —los gobernantes—, que para eso mandan.

En el Pacto Verde Europeo no se tiene en cuenta a los seres humanos, que debería ser la preocupación principal de todo Gobierno con sus ciudadanos. Absolutamente todo lo referente a la naturaleza debería por ley, y por sentido común sobre todo, estar supeditado al ser humano, como incluso se indica en la Biblia en las primeras páginas del Génesis. Y los bendijo Dios diciéndoles: «Sed fecundos y multiplicaos; llenad la tierra y sometedla; dominad sobre los peces del mar, sobre las aves del cielo y sobre todos los reptiles que se arrastran por el suelo». Todo ello independientemente de las creencias religiosas de cada persona, si es que las tienen.

Declaraciones y conclusiones

¡Houston!, ¡Houston! Tenemos un problema: el aumento del dióxido de carbono en la atmósfera no aumenta la temperatura de la atmósfera ni de la Tierra. ¡Se están enfriando las dos!

Las anteriores líneas, escritas en tono de humor, es lo que pretendo demostrar en los siguientes párrafos. Solo sé de dos declaraciones que explican por qué el aumento del dióxido de carbono aumenta la temperatura de la atmósfera y de la Tierra; una de ellas es la conferencia de Al Gore «Una verdad incómoda» y la otra de un científico español. Por otro lado, existe un documento denominado «No hay emergencia climática», firmado por más de mil seiscientas personas, que afirma lo contrario.

Empezaré por Al Gore,[31] que fue el primero en hablar del tema, al menos a nivel mediático. Aunque no recuerdo que tuviera en su momento gran repercusión ni grandes titulares en los medios de comunicación, siendo la punta de lanza de lo que actualmente es el asunto del cambio climático y todas sus consecuencias, políticas, económicas y un largo etcétera. Intuyo que Al Gore no

---

[31] https://es.wikipedia.org/wiki/Al_Gore

fue el autor de las conferencias, por su historial académico, sino simplemente el presentador elegido por ser una persona pública muy conocida, al haber sido vicepresidente y candidato a la presidencia de EE. UU., sino que fue elaborado por otras personas u organizaciones. En su conferencia de «Una verdad incómoda»,[32] empieza diciendo:

> Las radiaciones del Sol entran en forma de ondas luminosas que calientan la Tierra, parte de la radiación es absorbida y calienta la Tierra, que es irradiada de nuevo en forma de infrarrojos. Algunas de las radiaciones que salen se quedan atrapadas por esta capa de la atmósfera y se quedan en el interior de esta y eso es positivo, porque mantiene las temperaturas de la Tierra dentro de ciertos límites. El problema es que esta fina capa ha aumentado de grosor debido a la contaminación, que causa el calentamiento global que estamos provocando, y esto provoca un aumento de la capa de la atmósfera y una mayor cantidad de infrarrojos queda atrapada y la atmósfera se calienta a nivel global, eso es el calentamiento global.

Ante esto hay que decir que la radiación solar se compone de luz y calor y lo que calienta la Tierra, como es lógico, es el calor y no las ondas luminosas, «que es irradiada de nuevo en forma de infrarrojos». Esta afirmación debe de ser un milagro científico o un truco de magia, que hasta el momento solo se ha dado en las conferencias de Al Gore. Si se refiere a los reflejos producidos, de los que posteriormente habla, siempre serán de luz y calor, como se aprecia en la imagen de **Solúcar PS 10**, la primera central solar de torre central en explotarse comercialmente del mundo.[33] En

---

[32]   https://www.youtube.com/watch?v=H0jDnbIsL1M

[33]   https://www.xataka.com/energia/primera-planta-solar-torre-central-explotarse-comercialmente-esta-sevilla-pionera-que-ha-sobrevivi-do-a-otras-ambiciosas

cuanto a «el problema es que esta fina capa ha aumentado de grosor debido a la contaminación», ya expliqué en el capítulo 4, «Apuntes», donde trato el tema «La atmósfera», que en ella no existen capas de gases debido a las corriente de aire y vientos que mezclan los gases de la atmósfera continuamente. Además, «esta fina capa ha aumentado de grosor debido a la contaminación» (capa inexistente), por su mayor peso específico estaría pegada a la superficie de la Tierra, por lo que no existiría una zona donde los rayos infrarrojos quedasen retenidos, aumentando la temperatura. A continuación, dice que el dióxido de carbono se empezó a medir en 1958, para después asegurar que en los últimos 650 000 años el dióxido de carbono nunca sobrepasó el 0.03 %, con la cantidad de dióxido de carbono y la temperatura siempre a la par. Si el dióxido de carbono se empezó a medir en 1958, la cantidad de este en los 650 000 años anteriores es pura especulación sin pruebas demostrables.

En lo referente al oso polar *(Ursus maritimus)*,[34] la población ha aumentado considerablemente desde el año 1965 hasta el año 2021, según esta página de internet, por lo que el relato de Al Gore sobre los mismos es una más de sus contradicciones y relatos. Para finalizar su conferencia, vaticina lo que pasaría si los hielos de Groenlandia y la Antártica occidental desaparecieran, inundando gran parte del planeta. Dieciocho años después de su vaticinio, el hielo sigue donde estaba al igual que el nivel del mar. Los datos, razonamientos y hechos desmienten la conferencia de Al Gore.

Hace aproximadamente un año salió un documento titulado **«No hay emergencia climática»**,[35] firmado por 1609 personas, entre los que están dos premios nobel, **Ivar Giaever** y **John F. Clauser,** y al que se han sumado más personas, sobrepasando

---

[34]   https://es.wikipedia.org/wiki/Ursus_maritimus

[35]   https://www.vozpopuli.com/next/1600-cientificos-espanol-firman-declaracion-negando-emergencia-climatica.html

actualmente las mil ochocientas firmas. Cuando me enteré de la publicación, me alegré porque alguien levantase la voz contra la locura del cambio climático que está condicionando nuestras vidas. Pero la alegría me duró poco cuando leí un resumen del documento publicado, pues no indica ninguna cifra o dato, ni ningún razonamiento novedoso sobre el asunto en cuestión. Se limita a generalidades que alguien con un conocimiento medio del tema no hubiese oído o leído más de una vez. Lo más significativo del comunicado es cuando indica que «la ciencia del clima debería ser menos política, mientras que las políticas climáticas deberían ser más científicas». Sinceramente, el documento me defraudó enormemente, más cuando entre sus firmantes había científicos de reconocido prestigio mundial. Pero a pesar de que el documento no tiene gran interés, salvo que alguien se levante contra lo establecido oficialmente, en España —desconozco si en otros países también— un grupo de periodismo que dice combatir los bulos y denominado Maldita.es salió rápidamente a atacarlo en su página de internet.[36] El razonamiento que realiza es muy simplista a pesar de su extensión, pues se basa básicamente en dos aspectos. El primero de ellos se refiere a que son muy pocos los firmantes, en comparación con la mayoría de los científicos que apoyan el cambio climático, que según ellos es del 97%, cuestión que es irrelevante, pues, como expliqué en un capítulo anterior, la ciencia no es democrática y no se rige por mayorías y minorías, sino por datos, razonamientos, pruebas y, sobre todo, demostraciones. El segundo razonamiento es todavía peor que el anterior, pues dice que la mayoría de los firmantes no son expertos climáticos, como si cualquier persona no pudiese expresar sus opiniones sobre cualquier tema. Según dicho razonamiento, los periodistas —salvo excepciones—, solo podrían hablar o escribir de periodis-

---

[36] https://maldita.es/clima/20240828/documento-1600-cientificos-
      cambio-climatico/

mo y no de cualquier otro tema —deportes, economía, política, arte, etc.—. Flaco favor hacen a sus compañeros y al periodismo en general con dicho razonamiento. Otra página, denominada Factico,[37] es casi una copia de Maldita.es, pero esta, además, añade que algunos de los firmantes están fallecidos. Como queriendo decir que por haber fallecido ya no cuenta su opinión o firma, lo que considero un enorme desprecio hacia dichas personas. Si no valiese lo que dijeron o hicieron personas fallecidas como Pitágoras, Newton, Edison, Darwin, Einstein, Pascal, Torricelli, Tesla, Arquímedes, etc., estaríamos todavía en la Edad de Piedra.

Una tarde escuché por casualidad en RNE1 el programa *Tarde lo que tarde*,[38] en el que había una sección titulada Planeta B. En él se hablaba del tiempo y de temas ambientales. La locutora del programa, Julia Varela, presentó al conductor de la sección como el jefe de los servicios meteorológicos de TVE, Albert Barniol, al que seguramente habrán visto en TVE dando *El tiempo*. Esa tarde Albert Barniol explicó por qué el aumento del dióxido de carbono es la causa del aumento de la temperatura y, en consecuencia, del cambio climático, cuya grabación no he podido recuperar, seguramente por falta de pericia en esos temas. Barniol dijo en la explicación, que cito de memoria y resumida lo siguiente:

La radiación solar que llega a la Tierra, que retiene la mayor parte de ella, y una pequeña parte es reflejada al espacio —por el hielo, agua, espejos, cristales y otros cuerpos reflectantes—, el pequeño aumento de dióxido de carbono absorbe parte de esa radiación, que hace aumentar la temperatura de la atmósfera, almacenando calor que se va acumulando para producir un sobrecalentamiento de la Tierra, lo que se conoce como calen-

---

[37] https://factico.org/fact-checks/clima/verdad-detras-declaracion-1609-cientificos-niegan-emergencia-climatica/

[38] https://www.rtve.es/play/audios/tarde-lo-que-tarde/

tamiento global, elevando la temperatura total de atmósfera y, en consecuencia, un cambio climático, cuya consecuencia son el mayor aumento y de mayor importancia de fenómenos atmosféricos, de los que hasta ahora eran los habituales.

En ningún momento de su exposición dio números ni porcentajes. En ese momento, me pareció una explicación razonable, pero algún día después me acordé de ello y pensé que era contrario a lo que me educaron en la escuela, que el ser humano era insignificante ante la naturaleza y que era incapaz de combatirla o modificarla, ni con bombas atómicas, que personalmente estaba de acuerdo con lo que me enseñaron, por lo que empecé a pensar en quién tenía razón. Consulté páginas de internet sobre el tema y unas me llevaban a otras y así sucesivamente, pensaba y consultaba más páginas, pero estaba atascado con el tema. En un momento indeterminado, se me ocurrió tal vez fue un pensamiento lateral,[39] que lo más importante de su declaración no era lo que dijo, siendo importante, sino lo que omitió decir, lo que me llevó a más consultas y a recopilar información, con lo que encontré que no había dicho dos cosas, además de una falsedad. Una de ellas es algo que conocen los niños de tres años y muchos de dos años, que a esa edad se saben muy pocas cosas, y es que lo que denominamos día (veinticuatro horas) se compone del día y de la noche, que supone que lo que se calienta de día se enfría por la noche y lo que más se calienta de día más se enfría de noche, en este caso la atmósfera, dentro de unos parámetros que serán diferentes en verano que en invierno, igualmente en el ecuador que los de los polos de la Tierra, lo cual significa que en la atmósfera no hay gases que almacenen calor y lo mantengan, los denominados gases de efecto invernadero —de los cuales no dicen cuáles son y su porcentaje en la atmósfera—, por lo que no existen gases

---

[39] https://es.wikipedia.org/wiki/Pensamiento_lateral

de efecto invernadero. El otro punto es que si con los reflejos de la radiación solar el aumento de dióxido de carbono almacena más calor, también lo almacenará antes de que la radiación solar llegue a la Tierra, por lo que la Tierra recibiría menos calor, ya que lo retendría el aumento del dióxido de carbono. Se pueden realizar todo tipo de cálculos con porcentajes, pero la conclusión sería que con el razonamiento expuesto por Albert Barniol, la Tierra y la atmósfera en lugar de calentarse se enfriarían, ya que la radiación solar antes de salir reflejada tiene que entrar. En cuanto a la falsedad en su exposición, es que el dióxido de carbono no acumula más calor que el resto de los gases de la atmósfera, sino menos, pues, como indiqué en el apartado de «Coeficiente de calor específico», el dióxido de carbono tiene un coeficiente menor que el oxígeno y el nitrógeno, que en conjunto suponen el 99% de la atmósfera terrestre. Los coeficientes son oxígeno: 0.918 (J.g−1. K−1); nitrógeno: 1.040 (J.g−1.K−1); dióxido de carbono: 0.839 (J.g−1.K−1); de lo cual se deduce que el aumento de dióxido de carbono en la atmósfera —si es que existe dicho aumento— no solo no la calienta, sino que la enfría, que es todo lo contrario a lo expuesto por Albert Barniol.

Creo haber podido demostrar que las pocas explicaciones que nos dan sobre el cambio climático son contrarias a la realidad de la naturaleza, porque los seguidores de la Agenda 2030 y del Plan Verde Europeo tienen que justificar de alguna forma las políticas aplicadas, ya que la ideología en este y otros temas debe estar por encima de la realidad, si es necesario, aunque ello suponga importantes perjuicios en todos los órdenes de la vida para los habitantes de esos países —impuestos, movilidad, inflación de los precios, pérdida de competitividad, etc.—.

El aumento del dióxido de carbono, que no es perjudicial para personas ni animales, lo es la falta de oxígeno que puede producir la muerte, favorece el aumento de una masa verde y forestal, además de una mayor producción agrícola y ganadera por tener mayor cantidad de piensos.

Si existe un aumento de temperatura en la atmósfera, tal como indica el informe del IPCC, no es debido al aumento en la misma del dióxido de carbono, pues produce el efecto contrario, es decir, la enfría, tal como creo poder haber demostrado anteriormente. Por tanto, las causas deberán buscarse en otros fenómenos de la naturaleza, de los cuales nos faltan todavía la mayoría de los conocimientos, sobre cuáles son y cómo actúan. Mientras tanto, solo podemos poner medidas preventivas para evitar o aliviar sus consecuencias.

Respecto a la extinción de las especies, eso tan repetido, por el aumento tan rápido de la temperatura, que ha sido de $0.00689655\,°C$ al año, tomando las cifras del IPCC, no parece ser tan rápido. Si consideramos que la edad de reproducción del ser humano a nivel mundial es de veinticinco años, de 1850 a 2024 se han producido siete nuevas generaciones, la de perros y gatos es de un año con ciento setenta y cuatro nuevas generaciones, el de las vacas es de dos años como mucho con ochenta y siete nuevas generaciones, el de los cóndores es de once años con dieciséis nuevas generaciones, del resto de las aves todas de menor tamaño, el número de generaciones será todavía mayor. De los peces hay muy poca información, pero, considerando que su tamaño es similar a las aves, el número de nuevas generaciones será similar. A mayor tamaño la resistencia a los cambios ambientales suele ser siempre mayor, igual que a más reproducciones es mayor la facilidad de adaptarse al medio. Las plantas producen flores y semillas todos los años, por lo que se habrán reproducido ciento setenta y cuatro veces en este período. De todo ello se deduce que por el momento las especies, animales y plantas no tienen ningún peligro de extinción por el aumento de temperatura, si es que existe.

De acuerdo con todo lo expuesto anteriormente, se deducen las siguientes conclusiones:

1. El aumento de dióxido de carbono no calienta la atmósfera: la enfría.
2. No existen gases de efecto invernadero.
3. Los animales y plantas no están en peligro de extinción.

¡Houston!, ¡Houston!. ¡Contesten!

Índice